儿童第一套计算思维启蒙绘本

不插电的计算机科学 ①

你好,计算机!

倪 伟 著　马丹红　杨孟娇　唐粤川 绘

计算机王国

中国科学技术大学出版社

我是定定

我是小宝

　　5岁的定定和6岁的小宝是一对堂兄弟,定定刚读完幼儿园大班,小宝刚读完小学一年级。两兄弟的关系可好了,这不,幼儿园刚一放暑假,小宝就到了定定家,两兄弟又可以好好地玩了。

不过，现在已经是下午两点了，他们还在高兴地玩着计算机游戏。

妈妈劝导他们："嘿！嘿！眼睛需要休息了，赶快把游戏关掉！"

定定："妈妈，再玩一会儿吧！"

小宝："对，再玩最后五分钟！"

爸爸喝了口茶说："孩子们，关掉吧！来，我给你们讲讲计算机的故事！"

计算机王国

小朋友们，计算机帮助人类解决了许多复杂的问题，是人类的好朋友。他们也有自己的家园——计算机王国。

尼可，他是书中微型计算机的代表人物，也是聪明能干的小主人公。

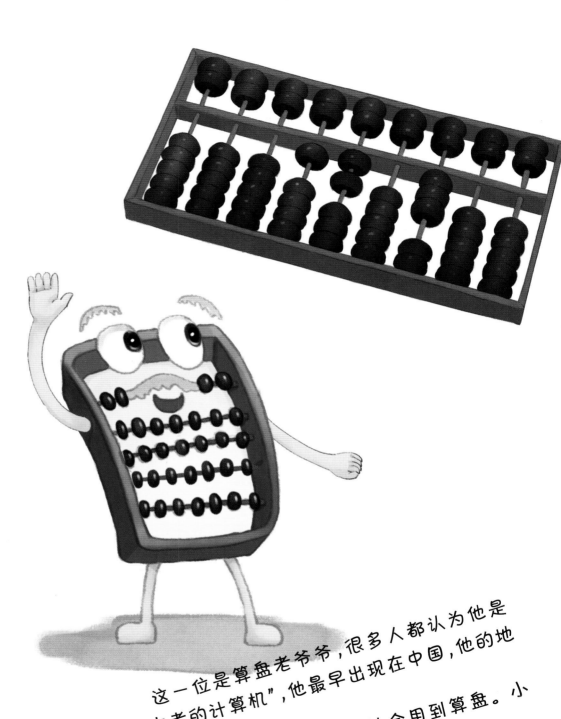

这一位是算盘老爷爷，很多人都认为他是"最古老的计算机"，他最早出现在中国，他的地位很高哦！

在古代，饭馆里结账时就会用到算盘。小朋友们，你们会打算盘吗？

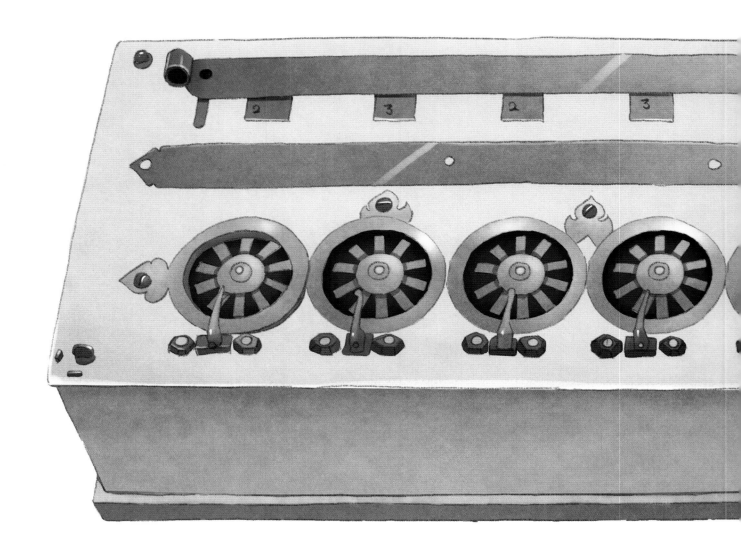

这位是"加法机"老爷爷，他是第一台机械式计算机，1642年法国数学家、物理学家帕斯卡发明了他。

他是利用齿轮传动原理工作的。不带电的哦！

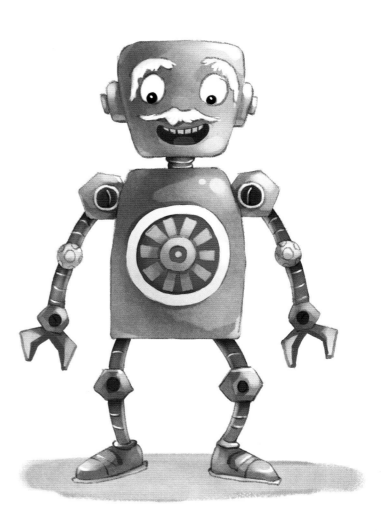

这是大块头埃尼阿克(ENIAC)。他是世界上第一台现代通用电子计算机,这个大家伙需要很大的房间才装得下呢!

1946年2月14日,埃尼阿克在美国宾夕法尼亚大学由以莫克利和埃克特为首的"莫尔小组"发明。

当然,在这之前,另外一台计算机ABC也被认为是世界上第一台电子计算机。快和爸爸妈妈一起查查资料,比较一下它们的区别吧!

截至
2018年年底，
世界上最快的超级
计算机是来自美国橡树岭
国家实验室的Summit。在我们
国家，国家超级计算无锡中心的"神威·
太湖之光"、国家超级计算广州中心的"天河
二号"超级计算机暂时分别排在世界第三、第四位。

超级计算机是运算速度最快、存储容量最大、功能最强的一类电子计算机。

在我们现代生活中,还有很多电子计算机以各种各样的形态"潜伏"在人类身边。

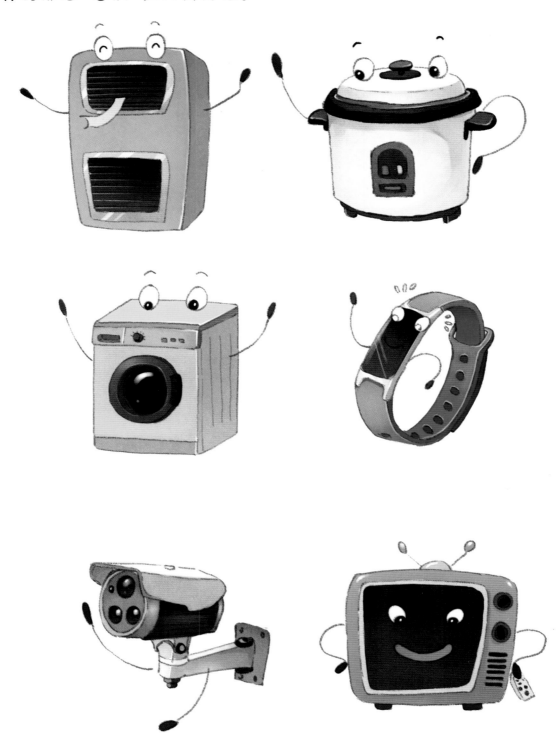

比如，家用路由器、跳舞机器人……他们的控制系统都离不开电子计算机。

瞧，就连飞向太空的宇宙飞船，其控制系统也是离不开电子计算机的。

大家都知道电子计算机是由我们人类科学家设计和发明的,那他们和人类有没有相同之处呢?

你们看,大二班班主任龙老师正在给小朋友们盛饭,香喷喷的饭菜能为小朋友们补充能量!

那么电子计算机靠什么获得能量呢？
电子计算机获得能量的主要来源是电，离开电他们就无法工作。
小朋友们，千万不要随意触碰电源插头哦，很危险！

小朋友们，你们平时锻炼身体吗？坚持合理地锻炼会让我们身体棒棒的，精神也会越来越好！

在计算机王国里，我们称电子计算机的"身体"为硬件，称控制整个"身体"协调运动的程序等为软件。

大家快看,龙老师和生活老师林老师正在带小朋友们体验超市购物,大家可高兴了。

结账的时候，收银计算机转眼间就算出了需要付款的金额。哇！怎么这么厉害？！

一二三四五，超市去购物。
结账算个数，让我来帮助。
一二三四五，准确又快速。
CPU是核心，还有内存储。

电子计算机的大脑，一般包含中央处理器（CPU）和内存储器（简称内存）两大部件。CPU是核心部件，负责运算和控制。内存也很重要，负责存储和记忆数据，它是其他部件与CPU进行沟通的桥梁。

周末，定定到小宝家做客。

小宝:"妈妈！请帮我播放一下去年儿童节我的演出视频！我想给弟弟看看！"

小宝妈:"好嘞！都在U盘里存着呢！呃……找到了！"

除了 CPU 和内存，电子计算机要正常工作通常还离不开外部设备（简称外设）帮忙，如键盘、显示屏、U盘等，这一类电子计算机大脑以外的设备就属于"外设"。

你知道还有哪些"外设"吗？

早在远古时期，人类的计算方式是结绳计数（记事）、石子计数（记事）和刻契计数（记事）。随着文字的出现和数学的发展，计算工具也日新月异，计算机的诞生经历了漫长的过程。

帕斯卡

莱布尼茨

巴贝奇

图灵

冯·诺依曼

在计算机的诞生史上,还有许多伟大的人物也需要我们牢记,如徐岳、奥特雷德、瓦特、契克卡德、帕斯卡、莱布尼茨、巴贝奇、何乐礼、图灵、楚泽、艾肯、阿塔纳索夫、莫克利、冯·诺依曼……想了解他们有趣的故事吗?赶紧和爸爸妈妈一起用计算机查询一下吧!

内 容 简 介

《不插电的计算机科学.1》遵循"玩中学,做中学"的理念,结合儿童的发育、认知能力,向儿童展示了一个神秘、有趣的计算机王国。本书围绕有趣的"计算机科学",既有对计算机的描述,又有贴近生活的案例,旨向儿童传达、科普计算机科学的知识,启蒙儿童的计算思维,帮助他们开启计算世界的大门,迈入科学殿堂。

图书在版编目(CIP)数据

不插电的计算机科学.1/倪伟著;马丹红等绘.—合肥:中国科学技术大学出版社,2019.5
ISBN 978-7-312-04679-7

Ⅰ.不… Ⅱ.① 倪…② 马… Ⅲ.计算机科学—儿童读物 Ⅳ.TP3-49

中国版本图书馆CIP数据核字(2019)第085275号

出版	中国科学技术大学出版社
	安徽省合肥市金寨路96号,230026
	http://press.ustc.edu.cn
	https://zgkxjsdxcbs.tmall.com
印刷	安徽国文彩印有限公司
发行	中国科学技术大学出版社
经销	全国新华书店
开本	889 mm×1194 mm 1/16
印张	10
字数	125千
版次	2019年5月第1版
印次	2019年5月第1次印刷
定价	120.00元